U0321038

我最爱吃的猪肉

贺师傅教你严选食材做好菜　广受欢迎的各种食材料理

赵立广 ◎ 著

译林出版社

目 录

煸炒 猪肉最干香 →

烧煮 猪肉最醇厚 →

CONTENTS

粉蒸肉

蒸 炖 猪肉最绵软 →

煎炸烤 猪肉最酥香 →

猪肉各部位肉的不同烹调方法

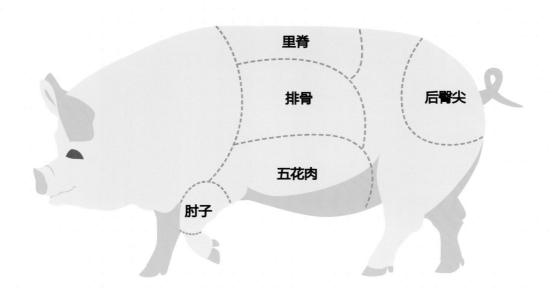

里脊

排骨

后臀尖

五花肉

肘子

猪肉质嫩味香，现在已经成为大家餐桌上不可缺少的美味。
肉猪浑身是宝，有肥而不腻的五花肉、肉质紧密的里脊肉、
适合炖汤的猪腔骨等，如今猪肉的料理也根据猪的不同部位，
发展出不同的做法和风味，
那这其中有什么门道，我们一起来看一下吧！

五花肉口感鲜嫩多汁、肥瘦相间，制作扣肉、红烧肉等菜时，其中肥肉遇热融化，瘦肉却久煮不柴，煮出的肉既适口，又多汁。

里脊肉

里脊肉的肉质较鲜嫩，又易于成熟，特别适合煸炒做菜，如糖醋里脊、水煮肉片等名菜都是用里脊肉所做。

排骨

猪排骨分为肋排和腔骨两种，腔骨熬出的肉汤醇厚鲜美，适合啃骨、吃肉、喝汤；肋排小而美，适合红烧或裹汁。适宜制作糖醋排骨、蒸小排等菜品。

臀尖肉

后臀尖部分的肉最为常见，这部分肉脂肪分布均匀，蛋白质丰富，肉量多且结实，非常适合煎、炒等烹饪方式，适合制作家常小炒。

猪肘子

猪的后腿肘子肉多，经常通过炖、烧、卤的方式进行烹调，来展现其肥而不腻的风味。猪后腿的脂肪比前腿多，炖煮的方式最能表现肘子汁多味美的好滋味。

• 书中计量单位换算

1小勺盐≈3g
1小勺糖≈2g
1小勺淀粉≈1g
1小勺香油≈2g
1小勺酵母粉≈2g

1大勺淀粉≈5g
1大勺酱油≈8g
1大勺醋≈6g
1大勺蚝油≈14g
1大勺料酒≈6g

1大勺标准（平勺）

1碗标准

1碗水≈250ml
1碗面粉≈150g

🐖 猪肉如何购买和保存

猪肉 ❹ 大买点

看肉色

新鲜的猪肉，瘦肉部分要呈现出鲜亮的粉红色，具有一定光泽，摸上去不黏手；肥肉部分应该是乳白色，摸上去比较坚硬。

观肉皮

品质好的肉皮上没有任何斑点，若出现深色斑点，多半是病猪肉。若专门购买猪皮，肉皮的厚度应保持在6~12mm 内最好，这样的肉皮不硬，容易吸收汤汁。

按肉质

正常情况下，新鲜猪肉的肉质弹性好，用手指按压猪肉，压下去的坑会很快弹回，而不新鲜的猪肉肉质弹性差，按压下去的坑不会马上弹回。

闻肉味

新鲜、健康的猪肉闻起来应该有轻微的腥味，若闻到明显的酸味或者其他异味，说明猪肉已经变质或经过特殊处理，不应购买此类猪肉。

猪肉保存小妙招

猪肉是平日里做菜最常用的肉类，吃不了的猪肉可以根据日常需求切割成小块，然后用保鲜膜密封，再放入保鲜袋中，并排除空气，放入冰箱冷藏一日，冷冻不超过三个月，这样保存效果更好。

猪肉料理的独门诀窍

❶ 炒肉的诀窍

　　猪肉的表面有蛋白质，切成肉丝煸炒时，要先将肉丝裹上蛋液、淀粉上浆，保证炒出的肉丝滑嫩爽口，其次还要将肉丝过油，使表面的淀粉糊化成形，这样再煸炒出的肉丝口感清爽，不会炒碎。

❷ 烧肉的诀窍

　　一般红烧的肉菜重点看菜肴的酱色，其中炒糖色又是重中之重。家中自制红烧肉菜时，可按糖与酱油 1：1 的比例添加，但糖要先用油小火炒化，加少量水熬成深褐色，再加入酱油焖煮烧制即可。

❸ 煮肉的诀窍

　　煮猪肉前要先经过焯烫，但要注意区分冷水入锅和滚水入锅。将猪肉放入冷水，慢慢加热，可去肉腥味，使血水和杂质变成浮沫，开锅后必须将浮沫撇出。另外，煮肉时不宜先加盐，避免盐使肉质收缩，肉的鲜味无法释放。

❹ 蒸肉的诀窍

　　制作蒸制的猪肉料理时，必须要用大火蒸制，而且要等到蒸锅冒气，锅中的水沸腾之后，再将处理好的猪肉放入锅中。在猪肉即将蒸熟时，要将锅盖敞开，让水蒸气冒出，避免菜肴的水分过多。

焗·炒

猪肉最干香

香喷喷猪肉出锅，油滋滋鲜润口感，
回锅肉、香芹腊肉、农家小炒肉，
让猪肉与油碰撞出绝妙好滋味，
炒一盘香味十足的馋人好菜吧！

糖醋里脊

农家小炒肉

编炒时，要将肉块煸透，使肉充分吸收滋味，这样吃起来干香可口。

豉椒拆骨肉

煸与炒的秘诀

⊗ 猪肉要切得均匀

为了让炒出的菜口感更好，处理原材料的时候就要格外注意，切肉块、肉片或肉丝时，要尽量切得大小均匀一致，避免出现大小不一，从而导致小块肉炒太熟，大块肉却不熟的状况。

⊗ 腌制猪肉口感好

如果直接将猪肉放入锅中煸炒，炒出的肉丝、肉片吃起来就会发干变硬，口感很差。下锅前利用料酒、酱油、蛋清、淀粉等材料稍微腌拌一下，可去除腥味，使猪肉表面的蛋白质分解，炒出的肉滑嫩爽口。

⊗ 猪肉调味有妙招

制作滑炒里脊丝等炒菜，调味时应先放糖，再加盐，避免猪肉吸收过多的盐分，而使猪肉变得太咸，影响整道菜的口味。糖不仅可以降低咸度，还能为菜肴提升鲜味，炒菜时加入少量的糖，会使味道更加柔和。

⊗ 猪肉口感大不同

如果想吃滑嫩的猪肉，那就要用蛋清上浆，再入锅过油滑炒，炒出的猪肉会入口爽滑；若是想吃到猪肉的焦香味，可选用五花肉这类含脂肪较多的肉类，小火慢慢将猪油煸出，煸至猪肉边缘微微发焦即可。

鱼香肉丝

材料： 里脊肉1块（约250g）、干木耳2朵、胡萝卜0.5根、冬笋1块、姜1块、蒜瓣2粒、葱白2段、泡椒适量

调料： 油3大勺、水淀粉1大勺

腌料： 盐0.5小勺、糖0.5小勺、干淀粉1大勺、油1小勺

调味汁： 糖2大勺、香醋2大勺、酱油0.5大勺、料酒2小勺、开水3大勺

鱼香肉丝怎样炒好吃？

炒鱼香肉丝时，要用泡椒爆香，再加糖、醋调味，糖和醋要按1：1的比例添加，应该先放糖，再放醋，调味后，翻炒几下直接出锅即可。

🕐 15分钟　🍲 中级　🍽 3人

制作方法

1 里脊肉洗净，切成0.5cm宽的细丝，加入腌料，用手反复抓松、抓匀。

2 干木耳泡发、切丝；胡萝卜去皮，冬笋洗净，分别切成0.2cm宽丝；姜、蒜切成末；葱白、泡椒切成碎末。

3 锅烧热，倒入2大勺油，热锅凉油时，倒入肉丝，以中火将肉丝炒散，炒至肉丝变白，盛出备用。

4 锅中加1大勺油，下入葱姜蒜炒香，再倒入泡椒爆香，中火炒出红油。

5 加入炒好的肉丝，大火翻炒均匀，放入木耳丝快炒，加入胡萝卜丝、冬笋丝，炒至变软。

先将调味料混合，可减少调味时间，避免肉丝炒老

6 再加入调味汁，翻炒均匀，使肉丝均匀上色，加入1大勺水淀粉勾芡，即可出锅。

焗·炒

回锅肉怎样炒才会焦香入味？

肉片用中火炒至出油，边缘呈金黄色、卷曲后，立即放入少许生抽、料酒，以去腥、增鲜，然后将肉片盛出，下入郫县豆瓣酱炒香，再与肉片混合翻炒，使豆瓣酱特有的色泽和味道深入肉中。

制作方法

> 加入料酒和葱姜等能去除五花肉的腥味

1 将五花肉放入锅中，加入葱、姜片、花椒、大料和1大勺料酒，倒入足量冷水，大火烧开。

2 加盖煮30分钟，煮至能将筷子插入肉中，不流出血水即可。

3 将煮好的猪肉切成5cm宽、0.2cm厚的薄片。

4 青蒜、红辣椒洗净，切成斜段，备用。

5 炒锅中火加热，倒入1大勺油，烧至微微冒烟，放入五花肉片，小火煸炒。

6 炒至肉片出油、卷曲、边缘呈金黄色，盛出备用。

> 豆瓣酱一定要炒出红油，炒出香味，以免吃起来有豆腥味

7 锅中下入郫县豆瓣酱，中火煸炒出红油。

8 倒入炒过的五花肉片，加糖、生抽和1大勺料酒调味，搅拌均匀。

9 再转大火，加入青蒜和红辣椒翻炒，直到青蒜发软、变色，淋醋去腻即成。

回锅肉

材料： 带皮五花肉1块（约300g）、葱3片、姜5片、花椒1小勺、大料2个、青蒜3根、红辣椒1根

调料： 料酒2大勺、油1大勺、郫县豆瓣酱2大勺、糖2小勺、生抽1小勺、醋1小勺

⏱ 40分钟　🍲 中级　🍜 2人

焖·炒

木须肉如何炒出嫩滑的口感？

切好的肉片先放料酒，去除肉腥，再加少许酱油、盐，使肉片腌渍入味。要想让肉片吃起来更嫩，可以加入蛋清或全蛋，用手充分抓匀，腌制10分钟后，烧热锅再倒入凉油，以中火滑炒就行了。

制作方法

❶ 干黑木耳、黄花菜、冬笋放入冷水浸泡、洗净，将木耳撕成片状，黄花菜切成5cm段状，冬笋先切片，再切成5cm的片状，备用。

❷ 黄瓜洗净、切成菱形片；大葱洗净、切片；大蒜去皮、切片，备用。

> 加水腌制肉丝可以使炒出的肉丝口感更加滑嫩

❸ 猪里脊肉切成薄片，加入腌料拌匀，腌制15分钟。

❹ 鸡蛋打散，用筷子搅拌均匀。

> 炒鸡蛋时，油温要高、油量要多，这样炒出的蛋量更丰富、蛋香味更足。

❺ 炒锅大火烧热后，加2大勺油，油面大量出烟时，倒入蛋液，待蛋液膨起后用锅铲迅速炒散、盛出。

❻ 锅中加2大勺油，倒入肉片，大火炒至变色，加入酱油。

❼ 放入葱片、蒜片、木耳片、冬笋片和黄花菜，炒出香味、翻炒均匀。

❽ 然后调入盐、糖和2大勺清水，略微翻炒。

❾ 将炒好的鸡蛋和黄瓜片倒入，加水淀粉勾芡，淋入香油出锅即可。

11

木须肉

材料： 干黑木耳3朵、黄花菜1把、冬笋1块、黄瓜1根、大葱1小段、大蒜3瓣、猪里脊1块
（约250g）、鸡蛋2个

调料： 油4大勺、酱油1小勺、盐1小勺、糖0.5小勺、清水2大勺、水淀粉1大勺、香油1小勺

腌料： 料酒1大勺、胡椒粉0.5小勺、生抽2小勺、淀粉2小勺、清水2大勺

🕐 25分钟　🍲 中级　🍜 2人

糖醋里脊

材料： 猪里脊1块（约250g）、大蒜5瓣、鸡蛋1个、白芝麻1大勺

调料： 面粉1大勺、淀粉4大勺，油5碗、番茄酱3大勺、白醋5大勺、糖4大勺、清水0.5碗

腌料： 姜末1大勺、盐2小勺、白胡椒粉1小勺、油1大勺

制作方法

1 里脊洗净，切成5cm长的条状，放入碗中；大蒜去皮、切末，备用。

2 里脊中加入腌料，腌10分钟；再打入鸡蛋，加入面粉、淀粉，抓匀后加1大勺油。

炸里脊的油要足够多，保证油锅中的里脊条能漂浮在油面上

3 锅内加5碗油，待油略微冒小气泡后，把里脊下入油锅，炸至微黄，将炸好的里脊捞出。

复炸可使里脊的口感更加酥脆

4 里脊炸好后，油锅改大火加热，再次放入里脊复炸一次，捞出，备用。

5 锅内留底油，中火烧热，下入蒜末爆香，再加入番茄酱、醋、糖、清水，熬至浓稠，做成糖醋汁；放入炸好的里脊，使其都裹上糖醋汁。

6 最后，将糖醋里脊盛入盘中，撒上白芝麻，酸甜可口的美味就做好了。

里脊肉怎么炸才外酥里嫩？

里脊肉表面起酥要靠干淀粉，而不是面粉，所以腌好的肉条要沾裹淀粉和面粉按1∶1混合而成的面糊。里脊肉一定要逐条下入油锅，避免肉条粘黏，第一次炸时需小火定型，复炸时要用大火炸酥、逼油，才能酥而不腻。

🕐 30分钟　🍲 高级　🍚 3人

香菇肉片

材料： 鲜香菇7朵、黄瓜1根、红椒0.5个、大葱1段、姜1块、猪里脊肉1块（约250g）

调料： 油4大勺、老抽1大勺、盐1小勺

腌料： 盐1小勺、糖0.5小勺、淀粉3大勺，料酒、酱油各1大勺

芡汁料： 水淀粉2大勺

制作方法

❶ 鲜香菇洗净、去蒂，用手轻轻搓洗香菇顶部和根部的脏污。

❷ 鲜香菇切成0.1cm的薄片；黄瓜、红椒洗净，切成菱形片；大葱、姜洗净、切片，备用。

❸ 里脊肉洗净，顺着猪里脊肉纤维方向，切成5cm见方的薄片。

❹ 将腌料与里脊肉混合，用手抓匀，腌制10分钟入味。

❺ 炒锅内加3大勺油，放入肉片，中火煸炒，肉片变色后，加1大勺老抽调味，盛出。

油面微微波动

❻ 炒锅内加1大勺油，烧至四成热，放入葱、姜，煸炒至出香。

❼ 锅中倒入香菇，翻炒几分钟，使香菇吸收葱、姜的香味。

❽ 香菇变软后，放入炒好的肉片、红椒片和黄瓜片，大火翻炒均匀，加盐调味。

❾ 最后，等香菇炒出水，倒入芡汁料勾芡，即可出锅。

香菇含有多种维生素、矿物质，能促进新陈代谢，提高人体适应力，其含有的B族维生素对于维持人体循环、消化等正常生理功能有重要的作用。香菇与滋阴润燥的猪肉搭配做菜，美味与健康同在。

25分钟　中级　3人

甜面酱要怎么炒才能酱香入味？

炒甜面酱的时候要小火慢炒，并不停地搅拌锅中的面酱，避免煳锅，另外还要注意观察锅中面酱的黏稠度，一旦搅拌时出现"拉丝"的现象，就表示水分不够多，需再次加水进行炒制。

制作方法

1 里脊肉洗净，顺着肉纤维方向切成5cm长的细丝，备用。

2 将肉丝放入碗中，打入鸡蛋清，加腌料抓匀，放入冰箱冷藏10分钟后取出。

3 干豆腐皮洗净、控干水分，摆放在小碟中，备用。

油面轻微波动

4 葱白洗净，切成6cm长的细丝，平铺在盘中，备用。

5 锅中加3大勺油，中火烧至四成热，放入肉丝滑开，肉丝变白后，盛出。

6 锅中加2大勺油，开小火放入甜面酱、料酒、糖和0.5碗水翻炒，炒至酱汁冒泡、出香。

7 接着将炒过的肉丝倒入锅中翻炒，使肉丝均匀地裹上酱汁。

8 翻炒均匀后，大火收汁，将肉丝盛入铺有葱丝的盘中。

9 将肉丝和葱丝卷入豆腐皮中即可食用。

京酱肉丝

材料： 猪里脊肉1块（约250g）、鸡蛋1个、干豆腐皮10张、葱白1大段

调料： 油5大勺、甜面酱3大勺、料酒1大勺、糖1大勺、清水0.5碗

腌料： 料酒1大勺、盐1小勺、干淀粉1小勺、油1小勺

🕐 20分钟　🍳 中级　🍜 3人

制作方法

① 杭椒和小红辣椒均洗净、去蒂，切成辣椒圈；泡野山椒切碎，备用。

② 青蒜去根、洗净、切段；葱去根、洗净，切成葱段和葱片；姜和蒜去皮、切片；干豆豉放入油中泡软。

猪棒骨从中剖开、洗净，便于炖煮时骨髓油流出

③ 将猪棒骨、腔骨洗净，放入冷水中，大火煮沸，然后撇去浮沫，以去除血水和肉腥味。

④ 然后放入3段葱、5片姜，提升香味，转中火，炖1小时，炖出肉香味后，捞出、晾凉。

⑤ 用筷子剔下猪骨上的肉，撕成小块，备用。

⑥ 起油锅，加3大勺油，下入泡软的豆豉，中火炒出香味。

锅中的油发出响声，表示还有水分

⑦ 再下入葱姜蒜片，炒1分钟，直到香味飘出。

⑧ 然后倒入肉块，将肉中的水分煸出。

⑨ 接着加入辣妹子辣酱，翻炒均匀，增添风味。

⑩ 再加入生抽、老抽，调味、上色，使肉充分吸收味道，盛出。

⑪ 锅中再加2大勺油，下入辣椒圈，煸至表皮发白，接着倒入炒好的肉块，炒匀。

⑫ 最后，加入青蒜段，淋入香油，翻炒均匀，即可出锅。

猪棒骨、腔骨中含有脆骨，其中富含胶原蛋白，能为老人、儿童提供钙元素，可以促进骨骼发育，预防骨质疏松。

⏱ 1小时30分钟　🍲 中级　🥢 2人

豉椒拆骨肉

材料：杭椒10根、小红辣椒8根、泡野山椒5根、青蒜5根、葱1根、姜1块、蒜5瓣、干豆豉1大勺、猪棒骨2根、腔骨2块

调料：油5大勺、辣妹子辣酱1小勺、生抽1大勺、老抽1小勺、香油1小勺

腊肉怎么蒸才软嫩、咸香可口？

制作熟腊肉之前，要先把腊肉入锅蒸。腊肉在锅中蒸的时候，中途不要开盖，蒸锅中的大量水蒸气会将腊肉蒸软，便于做菜。蒸完的腊肉表面会附有一层油脂，吃起来更具肉香味。

制作方法

> 蒸过的腊肉油脂含量降低，肉质吃起来更软嫩

❶ 腊肉洗净，放入蒸锅中，大火蒸10分钟；将蒸软的腊肉切成片状，备用。

❷ 鲜茶树菇切除根部，放入清水中浸泡15分钟，再次清洗干净。

> 腊肉受热后还会出油，所以炒腊肉时油量不必过多

❸ 葱、姜、蒜洗净、切片；香芹、青蒜均洗净、切段；红辣椒洗净、对半切开；白洋葱去皮、切丝，备用。

❹ 锅中倒入1大勺油烧热，放入茶树菇，炒至水分蒸发后，盛出备用。

❺ 锅中再倒入1大勺油，放入花椒，小火煸香，捞出；接着倒入葱姜蒜片、红辣椒和辣妹子辣酱，中火爆出香味。

❻ 放入腊肉片，翻炒至腊肉出油、肥肉部分呈透明状。

❼ 接着放入茶树菇，大火炒匀。

❽ 加入生抽、老抽、糖、盐调味，继续翻炒。

> 腊肉和蔬菜搭配，蔬菜中的维生素能减腊肉中的亚硝酸盐

❾ 最后将青蒜段、香芹段、洋葱丝放入锅中，淋入香油，翻炒均匀，就可以出锅啦。

干锅腊肉茶树菇

材料： 腊肉1块、鲜茶树菇1把（约500g）、大葱1段、姜1块、大蒜5瓣、香芹2根、青蒜1根、红辣椒10根、白洋葱0.5个、花椒1小勺

调料： 油2大勺、辣妹子辣酱1小勺、生抽1大勺、老抽1大勺、糖2小勺、盐0.5小勺

⏱ 20分钟　🍲 中级　🍜 3人

22

腊肉香豆干

材料： 豆干4块、腊肉1块（约50g）、姜1块、大蒜5瓣、青蒜3根、红辣椒4个、豆豉1大勺

调料： 油1大勺、花椒粉1小勺、生抽1大勺、盐0.5小勺、白糖1小勺、清水1大勺

制作方法

❶ 豆干洗净，放入水中浸泡5分钟，切1cm宽、6cm长的条状。

❷ 腊肉入滚水中煮10分钟后，捞出，切薄片，备用。

❸ 姜去皮、切末；大蒜去皮、切片。

腊肉受热会释放油脂，所以只需加少许油即可

❹ 青蒜洗净，放入盐水浸泡5分钟后，切5cm长段；红辣椒洗净、切段，备用。

❺ 锅烧热，加1大勺油，放入切好的腊肉，炒至出油。

❻ 接着下入姜末、红辣椒、豆豉爆香，加花椒粉调味。

腊肉本身有咸味，可以根据个人口味，酌量加盐

❼ 放入豆干，炒至表面干黄微焦，去除豆干的豆腥味。

❽ 再依次加入生抽、盐、白糖、清水调味。

❾ 最后，放入青蒜，炒至干爽，这道腊肉香豆干就可以出锅了。

豆干中蛋白质丰富，而且豆蛋白属完全蛋白，
不仅含有人体必需的8种氨基酸，
比例也接近人体需要的成分。
豆干中的卵磷脂可清除血管中的胆固醇，
避免血管硬化，预防心血管疾病，
维护心血管健康。

⏱ 15分钟　🍲 初级　🥣 2人

酱爆肉丁

材料： 黄瓜1根、大葱1段、姜1块、蒜2瓣、猪里脊肉1块（约250g）

调料： 油4大勺、甜面酱2大勺、老抽1小勺、醋1大勺

芡汁： 盐0.5小勺、白糖0.5大勺、开水0.5碗、水淀粉1.5大勺

腌料： 白胡椒粉0.5小勺、料酒2小勺、淀粉1大勺、蛋清1个

制作方法

❶ 黄瓜洗净、切成1cm见方的丁状；葱、姜、蒜均去皮、洗净、切末，备用。

❷ 里脊肉洗净，切成1.5cm见方的丁状，加入腌料，腌制20分钟。

❸ 锅中加入4大勺油，倒入肉丁，大火煸炒至颜色发白，盛出备用。

❹ 锅中留底油，下入葱姜蒜末，小火炒香，再倒入甜面酱，炒出酱香味。

❺ 下入肉丁、黄瓜丁，转大火炒1分钟，倒入芡汁、老抽，迅速翻炒均匀。

❻ 最后，沿锅边淋入1大勺醋，翻炒均匀，即可出锅。

酱爆肉丁怎么炒才能酱香入味？

酱爆肉丁讲究大火快炒，翻炒的速度要快，开始炒酱时，要小火炒出酱香味，再加肉丁快速翻炒，使其裹匀酱汁，最后再放入黄瓜丁，加入调料进行调味，这样才能做到肉丁鲜嫩、黄瓜爽脆。

⏲15分钟　🍲初级　🍚2人

香芹炒腊肉

材料： 腊肉1块（约200g）、大葱1段、姜1块、干红辣椒4个、香芹5根

调料： 油1大勺、盐0.5小勺、糖1小勺、生抽1小勺

制作方法

1 腊肉洗净，放入蒸锅，蒸10分钟；腊肉蒸软后，取出，切成0.3cm厚的片状。

2 大葱洗净、去根、切片；姜洗净、去皮、切片；干红辣椒洗净切段，备用。

3 香芹洗净、去老筋、斜切成段，再放入滚水焯烫1分钟，捞出、过凉。

4 炒锅加1大勺油，中火烧热，放入腊肉，煸炒至出油，使肥肉的部分呈透明状。

5 接着放入葱姜片，用中火炒香，再倒入焯过的香芹，转大火，翻炒1分钟。

6 最后，加盐、糖、生抽调味，翻炒均匀，即可盛出。

香芹炒腊肉如何做才咸香适口？

若腊肉太咸，可放入蒸锅中蒸软或者放入沸水中焯烫去除盐味，降低咸度；在煸炒过程中，用小火炒出腊肉的油脂，这样吃起来口感才不腻；香芹能解油去腻，但必须撕去老筋并焯烫，口感才脆。

15分钟 　　初级 　　2人

28

农家小炒肉

材料： 五花肉1块、青辣椒6根、红辣椒6根、朝天椒6根、蒜3瓣

调料： 油2大勺、料酒1大勺、生抽1小勺、盐1小勺

制作方法

1
五花肉洗净，用清水浸泡出血水，控干水分，逆着五花肉的纹理切成薄片。

2
青红辣椒去蒂、洗净，分别切成菱形片；朝天椒切成小圈；蒜去皮、洗净，切片。

3
炒锅中加入1大勺油，大火烧热后，放入五花肉，转小火翻炒3分钟，出油后，将肉片盛出。

4
炒锅内剩余的油烧热后放入蒜片，转成中火，煸炒出香味。

5
加入五花肉，倒入料酒、生抽，略翻炒后，放入青红辣椒片、朝天椒圈。

6
最后，撒入盐，翻炒均匀，即可出锅。

农家小炒肉怎么炒才会香嫩可口？

五花肉先用清水浸泡出血水，可减少肉腥；炒制过程中，五花肉会出油，因此不宜放太多食用油；用猪油煸炒蒜片，蒜片会吸收其香味，不仅可去除肉片中的腥味，还可以使口感更佳。

🕐 15分钟　🍲 初级　🥢 2人

煸·炒

土匪猪肝

材料： 新鲜猪肝1个、姜1块、蒜4瓣、杭椒4根、红尖椒4根

调料： 白醋1小勺、盐2小勺、白酒1小勺、干淀粉1大勺、油2大勺、生抽1小勺、老抽1小勺

制作方法

1 猪肝洗净，去除表面筋膜，切成薄片，在流水下反复冲洗，再放入清水中，加白醋和1小勺盐浸泡1小时。

2 将猪肝捞出、滗干水分，加入白酒、淀粉，腌制30分钟后，洗净表面黏液，备用。

3 姜洗净，切成菱形片；蒜去皮、洗净，切成小块；杭椒、红尖椒洗净、去蒂，切成斜片，备用。

4 锅中加2大勺油，大火烧热，倒入猪肝，大火滑炒30秒，炒至猪肝变色，盛出。

5 锅中留底油，大火烧热，放入姜片、蒜块、杭椒、红尖椒，翻炒2分钟。

6 倒入猪肝，加入1小勺盐，翻炒1分钟后，淋入生抽、老抽，翻炒均匀、上色后，即可盛出。

土匪猪肝怎么炒才会滑嫩鲜美？

猪肝中存有毒素，炒制前应反复冲洗至水清，并用淡盐水浸泡1小时，以彻底清除滞留的肝血和胆汁中的毒物；加入白酒和淀粉腌制，可使猪肝滑嫩且没有腥味。大火快炒可以保证猪肝又嫩又滑。

31

滑炒里脊丝

材料： 猪里脊肉1块（约250g）、葱1段、青辣椒1根、红辣椒1根、冬笋2根、

调料： 鸡蛋清1个、盐2小勺、水淀粉2大勺、盐2小勺、料酒1大勺、高汤3大勺、油4大勺、香油1小勺

制作方法

❶ 猪里脊肉洗净、去除筋膜，先切成薄片，再顺着纹理切成细丝。

❷ 肉丝中放入鸡蛋清、盐和1大勺水淀粉，用手抓拌均匀。

❸ 葱去根、洗净，切成细丝；青、红辣椒分别去蒂、洗净，切成细丝。

❹ 冬笋洗净，切成4cm长的细丝。

❺ 将料酒、高汤、盐和1大勺淀粉混合，搅拌成芡汁。

❻ 炒锅中加油，大火烧至四成热，放入肉丝，快速将肉丝滑散。

❼ 肉丝滑炒至颜色变白后，盛出，滗干多余油分。

❽ 锅内留底油，大火烧热后，放入葱丝，煸炒出香味后，放入冬笋丝、青红辣椒丝和肉丝。

❾ 倒入芡汁，翻炒均匀后，淋入香油，盛出，即为滑炒里脊丝。

"
猪肉含有优质蛋白和脂肪酸，
能促进铁元素的吸收，改善缺铁性贫血。
"

🕐 15分钟　🍲 初级　🍚 2人

香菜炒里脊

材料： 猪里脊肉1块（约250g）、香菜20棵、红辣椒1根、葱1段、姜1块

调料： 盐1小勺、鸡蛋清1个、淀粉1大勺、老抽1小勺、料酒2大勺、白胡椒粉1小勺、油0.5碗、香油2小勺

制作方法

❶
猪里脊肉洗净、去除筋膜，切成肉丝。

❷

将猪里脊肉丝放入清水中，浸泡至肉色变白，捞出，挤去水分。

❸

猪里脊肉丝中加入盐、鸡蛋清、淀粉、老抽和1大勺料酒，拌匀，腌制5分钟，备用。

❹

香菜洗净，切成3cm长的段；红辣椒去蒂、洗净，切成细丝；葱、姜均洗净，切成丝。

❺
将盐、白胡椒粉和1大勺料酒混合，搅拌均匀，调成料汁。

❻

炒锅中倒入半碗油，中火烧至四成热，下入猪里脊肉丝，快速滑散，肉丝变色后，捞出，滗油。

❼

锅内留2大勺底油，大火烧至七成热，倒入葱姜丝爆香。

❽

再倒入滑炒好的里脊肉丝和香菜段、红辣椒丝。

❾

最后淋入料汁，快速翻炒均匀后，滴入香油，盛出即可。

猪里脊肉可以提供优质蛋白质、脂肪酸、
血红素（有机铁）和促进铁吸收的半胱氨酸，
能改善缺铁性贫血。

⏱ 15分钟　🍳 初级　🍜 2人

熘肥肠

材料： 猪肥肠1条（约500g）、洋葱0.5个、胡萝卜0.5个、青椒1个、红椒1个、葱1段、姜1块、蒜3瓣、香葱1根、八角1颗

调料： 白醋2大勺、面粉3大勺、料酒2大勺、油2大勺、生抽1小勺、盐1小勺、水淀粉2大勺

制作方法

1 将猪肥肠内外翻转，去掉肥肠内的淋巴管和肥油。

2 放入加有白醋和面粉的水中，反复搓洗后用清水洗净，浸泡30分钟。

3 洋葱、胡萝卜、青椒、红椒均洗净，切成菱形片，备用。

4 葱洗净，切成段；姜、蒜均洗净，切成片；香葱去根、洗净，切成葱花，备用。

5 锅中加水，放入肥肠、葱段、八角、料酒和一半的姜片。

6 大火煮沸后，撇除浮沫，将肥肠煮至九成熟，捞出，沥干水分，冷却后，切成斜段。

7 锅中加入2大勺油，大火烧至七成热，放入肥肠，滑炒至变色后，盛出，沥油。

8 锅中留1大勺底油，放入蒜片和剩下的姜片，煸香后，放入洋葱片、胡萝卜片和青红椒片，炒匀。

9 倒入肥肠，淋入1大勺料酒、生抽，撒入盐调味，翻炒均匀后，淋入水淀粉勾芡，撒入香葱花，即可出锅。

猪大肠分为大肠、小肠、肠头，尤其肠头的脂肪含量最高，食用后具有润肠的作用。由于大肠较油腻，肥胖者不宜多吃。

⏱ 20分钟　🍲 中级　🍚 2人

五花肉焗包菜怎么做才香辣爽脆？

五花肉焗包菜要想香辣爽口，蒜末和醋必不可少。蒜末和醋要在最后出锅前放入锅中。五花肉焗包菜是快炒菜，若是先放入蒜末和醋，蒜的辛辣味和醋香味都会因高温而减少，使口味变差，故出锅前再放最佳。

制作方法

❶ 葱白、姜分别洗净、切片；蒜瓣去皮、拍扁、切末；干辣椒切碎末，备用。

❷ 五花肉洗净，切成0.3cm厚的薄片，备用。

❸ 包菜洗净，用手撕成5cm长的方形片状。

❹ 将包菜叶放入凉水，加1小勺盐浸泡5分钟后，捞出。

❺ 锅中加2大勺油，下入花椒小火炒香，放入葱白、姜片、干辣椒焗炒。

❻ 接着倒入五花肉，中火翻炒，焗至肉片边缘微焦。

❼ 焗出肉香后，转大火，将撕好的包菜叶倒入锅中翻炒。

❽ 加2大勺蚝油调味，炒匀。

❾ 最后，将蒜末撒入锅中，沿锅边淋入陈醋，迅速炒匀，即可出锅。

五花肉焗包菜

材料： 葱白1段、姜1块、大蒜3瓣、干辣椒2个、五花肉1块（约250g）、包菜0.5个、花椒0.5小勺

调料： 盐1小勺、油2大勺、蚝油2大勺、陈醋0.5大勺

🕐 15分钟　🍲 初级　🍽 2人

五花肉炒菜花怎样做才能清香滑软？

炒菜花前，要先把菜花放入加了盐的开水中焯烫，这样可以使菜花的口感保持清脆，还能使菜花更容易炒熟；煸炒五花肉时，可以将肉片煸炒出油，再放入菜花一起翻炒，风味更佳。

制作方法

1 五花肉洗净，切除筋膜后，切成3cm宽的薄片。

2 五花肉片中加入淀粉、1大勺料酒和1小勺盐，腌制20分钟。

3 青椒去蒂、洗净，切成菱形片；胡萝卜洗净、去皮，切成菱形片。

4 葱洗净，切成葱花；姜、蒜均洗净，切成薄片。

5 菜花放入清水，加1勺盐，浸泡15分钟后，滗干水分，掰成小朵、洗净。

6 锅中加水，大火煮沸，放入菜花，焯烫至变色后，捞出，过凉，滗干水分。

7 炒锅内加油，大火烧至六成热，放入葱姜蒜，煸炒出香味。

8 放入五花肉片，倒入料酒，煸炒出油后，倒入菜花，翻炒均匀。

9 再加入盐、糖、生抽调味，最后，放入青椒、胡萝卜，翻炒片刻即可。

五花肉炒菜花

原料： 五花肉1块（约200g）、青椒0.5个、胡萝卜0.5根、葱1段、姜1块、蒜3瓣、菜花0.5个

调料： 淀粉1大勺、料酒1大勺、盐3小勺、油2大勺、糖1小勺、生抽1小勺

🕐 15分钟　🍚 初级　🍜 2人

茄汁肉炒刀削面

材料： 油菜1棵、洋葱1/3个、姜1块、蒜3瓣、鲜黑木耳3朵、西红柿0.5个、猪里脊肉1块（约50g）、刀削面1把（约150g）、鸡蛋1个、干红辣椒碎1大勺、花椒1小勺、开水0.5碗

腌料： 盐1/3小勺、白胡椒粉1/3小勺、花椒水1小勺、淀粉1小勺、鸡蛋清1个

调料： 油7大勺、盐0.5小勺、糖1小勺、十三香1小勺、酱油1大勺、番茄沙司1大勺、陈醋0.5大勺

制作方法

1 油菜去根、掰开、洗净；洋葱去皮、洗净、切丁；姜、蒜去皮、切末。

2 鲜黑木耳洗净、去蒂，撕成小朵；西红柿洗净、去蒂，切滚刀块。

3 猪里脊洗净、切片，倒入腌料，腌15分钟。

> 面条煮熟后先拌油，可以防止面条粘连

4 先将刀削面煮熟，捞出后再放入油菜烫熟，面条过凉，拌入1大勺油，备用。

5 锅中加2大勺油，大火烧至五成热，淋入搅匀的蛋液，炒散、盛出。

6 锅中加2大勺油，大火烧至七成热，放入肉片，翻炒变色，盛出。

7 锅中加2大勺油，转小火，煸香干红辣椒碎、花椒，捞出。

8 再爆香洋葱、姜蒜末，放入西红柿、木耳，倒入开水炒匀。

9 倒入肉片、鸡蛋、刀削面、油菜，加入除油之外的所有调料，炒匀即成。

西红柿富含维生素C，具有较强的清热解毒功效；
猪肉与木耳中均含有铁元素，常吃可养血补血，
使皮肤红润、有光泽。
本菜酸甜的口味，还能增进食欲，
使人胃口大开。

🕐 30分钟　　🍲 中级　　🍚 2人

焗·炒

如何让猪里脊肉嫩滑香口、鲜爽不油？

猪里脊肉烹调前莫用热水清洗，因猪肉中含有一种肌溶蛋白的物质，在15℃以上的水中易溶解，若用热水浸泡就会流失很多营养，同时口味也欠佳；炒制前可以进行简单的腌制处理，使口味鲜美。

制作方法

1 大葱切碎；姜切末；蒜拍扁、去皮、切末；香葱切成葱花。

2 青红椒洗净、去蒂，对半切开、去籽，再切成细丝。

3 猪里脊肉筋膜剔除、洗净、切成4cm长的细丝，放入碗内。

4 往碗内倒入腌料，用手抓匀，腌制10分钟。

5 面条下锅煮熟，捞出，加1大勺油拌匀，备用。

6 炒锅加2大勺油，中火烧热，放入腌好的猪肉丝，炒至变色，盛出。

7 锅中加1大勺油，中火加热，爆香葱、姜、蒜末，放入青红椒丝、猪肉丝煸炒。

8 接着倒入料酒、白糖、酱油、盐和0.5碗开水，大火煮沸，下入面条翻炒。

9 待汤汁收浓时，撒入葱花，即可食用。

青椒肉丝炒面

材料： 大葱1段、姜2片、蒜1瓣、香葱1根、青椒0.5个、红椒1/4个、猪里脊肉1块（约80g）、手切面1把（约150g）、开水0.5碗

调料： 油4大勺、料酒1大勺、白糖1小勺、酱油1小勺、盐0.5小勺

腌料： 盐0.5小勺、鸡蛋清1个、淀粉1大勺

🕐 10分钟　🍲 初级　🍜 1人

蔬菜火腿炒面怎样做才能鲜咸适口？

洋葱和蒜要充分爆香，香味飘出后，再下胡萝卜煸炒，使胡萝卜素释出；炒火腿一般忌用酱油、醋、茴香、桂皮等香料，否则会损失火腿的独特风味，只需加少量白糖或料酒，以降低咸味，增加鲜味。

制作方法

① 小油菜、洋葱均洗净、切丝；大蒜去皮、洗净、切片。

② 火腿切成小丁；胡萝卜去皮、洗净、切丝，备用。

拌油是为了让面条不粘连

③ 手擀面放入沸水锅中煮熟，过凉、滗干，加1大勺油拌匀。

④ 锅中加2大勺油，中火烧热，倒入肉末，炒至变色。

⑤ 接着放入洋葱丝、蒜片，略微翻炒后，再倒入胡萝卜丝、火腿丁，拌炒均匀。

⑥ 然后加入盐、糖、老抽、料酒、辣椒酱，以去腥、调味。

⑦ 再倒入开水，转大火，将所有材料一起煮沸。

⑧ 转中火，下入面条和油菜丝，拌炒均匀。

⑨ 待面条入味后，盛出即可。

蔬菜火腿炒面

材料： 小油菜1棵、洋葱0.5个、大蒜3瓣、火腿1块、胡萝卜1/3根、手擀面1把（约150g）、猪肉末0.5碗

调料： 油3大勺、盐1小勺、糖0.5小勺、老抽0.5大勺、料酒1大勺、辣椒酱1小勺、开水0.5碗

🕐 17分钟　🍳 初级　🍜 2人

烧·煮

猪肉最醇厚

让浓郁的酱汁征服挑剔的味蕾，

不放过每一片烧煮过的鲜嫩猪肉，

狮子头、红烧肉、粤式排骨，每一道都是米饭杀手！

菠萝咕咾肉

酱烧狮子头

猪肉为人体供应
优质蛋白、丰富的B族维生素，
还富含铁质和人体必需的
各种氨基酸。

锅巴红烧肉

🐷 烧与煮的秘诀

✖ 烧煮肉时晚加盐

　　盐分会使肉表面的蛋白质凝固，所以如果烧肉的过程中早早就加入了盐调味，会使肉的鲜味封在肉中无法释放，而且肉质也会变柴，口感不佳。烧肉时最好在临出锅前 10 分钟时加盐，不仅可以调味，还能提鲜。

✖ 肉块宜大不宜小

　　烧炖猪肉时，肉块要切得稍微大些，减少与水接触的面积，这样可使肉的鲜味更多地保留在肉中，使煮出的肉鲜嫩味美。尤其制作蒜泥白肉这类白煮肉菜时，肉块不能煮得过于软烂，否则会使皮肉分离。

✖ 啤酒可乐来调味

　　烹煮五花肉、猪蹄等脂肪含量较多的食材时，加入可乐、啤酒等饮料，不仅可以增加菜肴的风味，还能帮助溶解肉中的脂肪，使菜肴香而不腻。烧肉时加入少许酒类，可利用酒精的挥发作用去除肉的腥味，使肉鲜香可口。

肉丁炸酱面

材料： 五花肉1块（约100g）、干香菇3朵、胡萝卜1/3根、黄瓜0.5根、黄豆芽1把、香葱1根、生姜1块、大蒜3瓣、手擀面1把（约150g）

调味料： 油2大勺，盐、糖、料酒、生抽各1小勺

炸酱料： 干黄酱、甜面酱各1大勺，清水0.5小碗

肉丁炸酱面怎么做才酱香浓郁？

炒酱时要用小火，并用锅铲不停搅拌，炒出猪油和酱香味，这样炸出的酱才喷香诱人；肉丁炸酱面讲究配菜丰富，可选用黄豆、黄瓜、豆芽等清爽食材。

🕐 25分钟　🍲 中级　🍜 1人

制作方法

❶ 五花肉洗净、剔去筋膜、切小丁；干香菇泡发、洗净、切丁。

❷ 胡萝卜、黄瓜分别去皮、洗净、切丝；黄豆芽洗净、焯烫；香葱、生姜、大蒜分别去皮、切末，备用。

❸ 混合炸酱料，将炸酱料放入碗里，加入清水搅动、调匀。

❹ 炒锅加入2大勺油，中火烧至七成热，放入肉丁，炒至变色，再放入香菇丁煸炒，接着放入葱姜蒜末，小火炒香后再炒2分钟。

❺ 倒入炸酱料、盐、糖、料酒、生抽调味，搅拌均匀，加盖，小火煮10分钟，即成炸酱。

❻ 面条煮熟盛入碗中，放上焯过的黄豆芽，浇上炸酱，搭配黄瓜丝、胡萝卜丝食用。

酱烧狮子头要怎么做才香嫩弹牙？

猪肉馅中加入面粉或干淀粉、鸡蛋，沿同一方向搅拌至肉馅黏稠、有弹性。团成狮子头肉丸后，通过不断摔打肉团，将肉团中的蛋白质摔出筋性、排出空气，这样肉丸下锅炸时，才会香嫩弹牙。

制作方法

1 荸荠去皮、剁成细末；干香菇泡发、切末；火腿切丁；姜、小葱洗净、切末，备用。

2 猪肉洗净，置于案板上，先切丝，再切丁，然后剁成肉末，放入碗中。

3 打入1个鸡蛋，加入腌料，用筷子顺同一方向使劲搅拌，使其上劲，防止炸肉丸时破裂。

4 将食材与肉末混合，加半碗水，顺同一方向搅拌肉馅，待肉馅黏腻后，在碗中反复摔打，产生韧性。

5 双手沾水，取适量肉馅放于掌中，双手手掌交替摔打肉馅，团成圆球状。

油炸肉丸时，要不断翻动，以免肉丸粘锅

6 锅内倒入4碗油，大火加热，待油开始冒气泡时，转成小火，将肉丸下锅，炸至色泽金黄，捞出待用。

7 砂锅注入适量的水，加入八角和调味汁，大火煮开，转成小火，放入肉丸，炖煮1个小时后，盛入碗中。

8 将锅中剩余汤汁倒入炒锅中，加水淀粉勾芡，熬至浓稠。

9 最后，将浓汤汁浇在狮子头上，一道色香味俱全的红烧狮子头就做好啦。

酱烧狮子头

材料： 荸荠5个、干香菇5朵、火腿1块（约50g）、姜1块、小葱2根、猪肉1块（约500g）、鸡蛋1个、八角2个

腌料： 五香粉1小勺、米酒1大勺、淀粉5大勺、清水0.5碗

调料： 油4碗、水淀粉2大勺

调味汁： 生抽2小勺、老抽1小勺、蚝油1小勺、黄酒1大勺、盐1小勺、冰糖1大勺

🕐 1小时30分钟　🍽 中级　🍜 3人

菠萝咕咾肉

材料： 去皮菠萝1/3个、红椒1/3个、青椒1/3个、猪里脊肉1块（约150g）、鸡蛋1个、淀粉0.5碗

调料： 油2碗、番茄酱4大勺、白醋4大勺、糖4大勺、清水0.5碗、盐1小勺、水淀粉3大勺

腌料： 盐2小勺、胡椒粉1小勺、料酒1大勺

制作方法

盐水泡菠萝可减少其酸涩味，使口感更好

1 将去皮菠萝切成2cm的小块，放入淡盐水中浸泡。

2 红椒、青椒均洗净、去蒂、去籽，切成2cm的菱形片。

3 里脊肉洗净，切成约2cm大小的块状。

4 将腌料加入里脊肉中，抓匀，腌制20分钟。

5 鸡蛋打散成蛋液，倒入腌好的里脊肉，裹匀后，再沾上一层淀粉。

6 锅中倒油，烧至六成热，逐个下入肉块，炸至金黄色后捞出，再改大火，烧至油面滚动，倒入肉块复炸。

7 将番茄酱、醋、糖、水和1小勺盐，调成酸甜汁。

8 锅中加2大勺油，下入菠萝块、红椒、青椒炒熟，盛出。

9 锅中留底油，倒入酸甜汁搅拌，加水淀粉勾芡，再放入肉块、菠萝、青红椒，炒匀出锅即可。

菠萝又叫凤梨，有很好的食疗保健作用，它含有的菠萝蛋白酶能溶解血栓，还含有糖、盐及酶，有利尿、消肿的功效；其中大量的蛋白酶和膳食纤维还能够帮助肠胃消化，有助于清除肠道内的多余脂肪。

🕐 40分钟　　🍲 高级　　🥣 2人

56

制作方法

1 将五花肉洗净，切成3cm宽、大小均匀的正方形块状；锅巴掰成小块，备用。

2 葱白洗净，切成段；蒜、姜洗净，分别拍扁、切片；干辣椒洗净，切成小段，备用。

3 锅中加入清水，放入五花肉块，倒入2大勺料酒，大火煮沸，焯烫至肉块变色，捞出，滗干水分。

炸制时，浇入少许清水，可使锅巴口感更蓬松酥脆

4 炒锅中加入4碗油，大火烧至七成热，倒入肉块，炸至变色后，捞出，滗油。

5 将锅中的油烧至五成热，倒入锅巴，快速浇入2大勺清水，捞出，滗油，备用。

6 锅中留2大勺底油，大火烧热，放入一半葱段、姜片、蒜片、一半干辣椒段、花椒、八角，煸炒出香味。

再次焯水，可增加胡辣荔枝味

再次炸制，可使肉块软糯

7 倒入五花肉块，加入辣椒酱、豆瓣酱，煸炒至色泽红亮，倒入清水，大火煮沸后加盖，转小火焖煮30分钟后，捞出。

8 锅中加入清水，大火煮沸后，倒入五花肉块，再次焯水后，捞出，滗干水分，均匀撒入干淀粉。

9 锅中加油，大火烧至六成热，倒入肉块，炸至颜色变红后，捞出，滗油，备用。

10 将盐、糖、白胡椒粉、1大勺料酒、水淀粉、酱油、醋混合，搅拌均匀，调成料汁。

11 锅中加油烧热后，倒入红油，加入干辣椒、葱段、姜片、蒜片，炒香。

12 倒入五花肉块，煸炒均匀，倒入锅巴，再倒入料汁，快速翻炒均匀，盛出即可。

🕐 1小时　🍳 高级　🍚 2人

锅巴红烧肉

材料： 五花肉1块（约500g）、锅巴4块、葱白1段、蒜1头、姜1块、干辣椒4根、花椒1小勺、八角1颗

调料： 料酒3大勺、油4碗、辣椒酱1大勺、豆瓣酱1大勺、干淀粉1大勺、盐1小勺、糖1大勺、白胡椒粉1小勺、水淀粉1大勺、酱油2小勺、醋1大勺、红油1大勺

锅巴红烧肉怎么做才能外酥里嫩？

肉块在炖煮前要经过2次炸制，让肉块中的油分释放出来；在炸锅巴的时候加入少许清水，可以使锅巴充分蓬松，口感更加酥脆；最后的烹制过程速度一定要快，下锅后10秒钟即翻炒均匀起锅，才能达到外酥里嫩。

粤式排骨

材料： 肋排骨1块（约750g）、大葱1段、姜1块、13大勺清水

调料： 白糖2大勺、蚝油2大勺、料酒1大勺、酱油3大勺

制作方法

1 将肋排骨冲洗干净，去除表面的脏污。

2 沿肋条将肉切开，切至脊头时，手按住刀背向下压，切开脊头。

3 用刀背敲打肋条骨，使肋骨软酥，再切成5cm宽的肋排块。

4 大葱洗净、切段；姜洗净，切成片状，备用。

5 将肋排块放入锅中，下葱段、姜片。

6 再加入白糖、蚝油、料酒、酱油调味。

7 然后倒入13大勺清水，开大火煮沸。

8 煮沸后，转小火，盖上锅盖，继续焖煮。

9 煮至锅中汤汁收干，锅中发出"滋滋"声时关火，将排骨盛出即可。

排骨除含蛋白质、维生素外，
还含有大量骨胶原、骨蛋白，可为幼儿和老人提供钙质。
排骨有很高的营养价值，具有滋阴壮阳、益精补血的功效，
但湿热者、肥胖者、血脂较高者不宜多食。

50分钟　　中级　　2人

台式卤肉

材料： 五花肉1块（约500g）、洋葱0.5个、干香菇4个

调料： 油2大勺、糖2小勺、胡椒粉1小勺、盐2小勺、料酒1大勺、酱油2小勺

制作方法

❶ 五花肉洗净，切成1cm见方的小块，焯水备用。

❷ 洋葱洗净、切碎；干香菇泡发、切丁，备用。

❸ 炒锅内加2大勺油烧热，放入洋葱，用小火煸炒至变色，盛出，备用。

❹ 接着倒入五花肉，转中火，炒至肉块变色、出油。

❺ 然后下入香菇丁，翻炒均匀。

❻ 加入糖、胡椒粉、盐，沿锅边淋入料酒、酱油，转大火，与肉块一起炒匀。

❼ 将炒过的洋葱碎放入锅中拌匀，倒入温水，没过五花肉2cm，大火将汤汁煮沸后，转小火炖30分钟。

❽ 然后倒入清水，再炖30分钟，转大火收汁。

❾ 最后，将卤肉连同汤汁一起盛出，搭配米饭、面条食用。

台式卤肉口感丰富，味道醇厚，
其特殊香气，还具有提神醒脑、
开胃健脾、消食化滞等功效，
除满足人体对蛋白质及维生素等营养物质的需求外，
还能达到健胃消食、增加食欲的目的，
因此台式卤肉是拌饭、拌面的好搭档。

🕐 50分钟　　🍲 中级　　🍜 3人

芋头烧肉怎么做才香浓不腻？

用香甜绵口的芋头烧出的肉，肉块香而不油，芋头则充分吸收了肉汁；削芋头时，要削去外部白色的厚皮，直到出现紫色细丝，此处的芋头才软糯适口；盐要待肉炖熟后再加，否则肉块会炖不烂，口感不佳。

制作方法

1 芋头去皮后，削去白色部分，直至露出紫色细丝，再洗净，切成滚刀块。

2 大葱去皮、洗净、切段；姜洗净、切片；干辣椒剪成段；香葱洗净，切成葱花，备用。

3 五花肉切成3cm的块状，洗净、焯水、捞出，备用。

炒糖时宜用中小火，才能炒出糖色，不使糖色发苦

4 锅内加3大勺油，放入2大勺冰糖，小火烧至冰糖溶化，呈深褐色。

5 倒入肉块翻炒，加料酒、老抽，炒至上色。

6 接着倒入开水，没过肉块，放入八角和胡椒粉调味。

7 再放入姜片、葱段、桂皮、香叶和干辣椒，加盖，大火煮沸后，转小火炖40分钟。

8 然后放入盐和切好的芋头块，搅拌均匀，继续炖至芋头软烂、汤汁收浓。

9 最后，盛出芋头肉块，撒上香葱花，即可享用。

芋头烧肉

材料： 荔浦芋头0.5个、大葱1段、姜1块、干辣椒3根、香葱1根、五花肉1块（约500g）、开水6碗、八角1个、桂皮1块、香叶2片

调料： 油3大勺、冰糖2大勺、料酒1大勺、老抽0.5大勺、胡椒粉0.5小勺、盐2小勺

🕐 1小时　🍲 中级　🍜 2人

梅菜红烧肉

材料： 梅干菜1袋、五花肉1块（约1000g）、葱白1段、大蒜5瓣

调料： 油1大勺、白砂糖2大勺、料酒1小勺、老抽1大勺、腐乳汁1大勺、醋0.5大勺、盐1小勺

制作方法

❶ 将梅干菜用清水浸泡，使梅干菜变软，泡好后将梅干菜洗净。

❷ 五花肉冲洗干净，切成2cm见方的肉块；葱白洗净、切小段；蒜洗净、去皮、切片。

❸ 锅内放入肉块和半锅清水，开大火将水煮沸，然后捞出肉块、沥干水分，备用。

❹ 炒锅内倒1大勺油，放入白砂糖，小火炒糖，炒至白砂糖起泡，化为糖浆。

炒糖色时必须小火，以免炒糊

❺ 白砂糖炒成糖色后，保持小火，将肉块倒入，快速翻炒上色，使肉块都沾满糖浆。

❻ 翻炒几下后，倒入料酒、老抽、腐乳汁，继续快速翻炒，避免肉块粘锅。

❼ 炒好后加入葱段、蒜片和洗净的梅干菜，转中火翻炒至出香味。

❽ 锅内加漫过食材的水，倒入醋、盐，盖上锅盖，以中火煮沸。

❾ 最后，改小火慢炖，煮至汤汁黏稠时，即可出锅。

梅干菜香味扑鼻，有生津开胃、解暑热、消积食的作用。夏季炎热时，用梅干菜烧汤、做菜，消食、解暑。梅干菜营养价值较高，富含胡萝卜素和镁，其清香的气味，可开胃下气、益血生津。

🕐 1小时　🍚 中级　🍽 4人

五花肉如何炒，吃起来才不腻？

五花肉一定要炒至出油，再加入辣椒圈炒香，此时五花肉中的多余油脂被炒出，肉吃起来才不会腻，而且用猪油炒出的辣椒吃起来味道也更香！炖肉时，用小火慢炖，直至肉皮可用筷子戳透时最好吃。

制作方法

水中可加入1小勺盐，可使焯烫过的蔬菜颜色更绿，口感更脆

1 姜、蒜去皮，切片；葱洗净，分别切葱末、葱段；干红辣椒洗净，切圈。

2 圆白菜洗净，撕成片状，滚水中加1小勺盐，放入圆白菜焯烫熟后，捞出，备用。

3 五花肉洗净，整块下入冷水锅中，将姜片、八角、桂皮、葱段入锅，大火煮沸。

4 水开后淋入料酒，加盖继续中火煮约20分钟后，捞出。

5 将煮好的肉切成3cm大小的块状，备用。

6 起油锅，入少许油大火烧热后，将五花肉倒入锅中，中火炒至肉出油，边缘呈金黄色，放入辣椒圈翻炒两下。

7 放入蒜片、姜片和葱花爆香。

8 调入老抽和料酒，加1碗开水，放入冰糖后加盖，小火慢炖20分钟至肉块软糯。

9 炖好的五花肉浇在煮好的米饭上面，摆入烫好的圆白菜，即可食用。

红烧肉饭

材料： 姜1块、蒜2瓣、葱1段、干红辣椒2个、圆白菜1/4个、五花肉1块（约200g）、八角1
个、桂皮1块、白米饭1碗

调料： 盐1小勺、料酒2小勺、油1小勺、老抽1大勺、开水1碗、冰糖1大勺

🕐 1小时　🍳 中级　🍜 1人

烧·煮

卤控肉怎么做才能酱香不腻？

卤控肉吃的是入口软绵的口感，故肉表面不易嚼烂的筋膜必须去除；油炸肉片时，高油温可将大片五花肉中的多余油分逼出，如此做出的卤控肉，虽然表面带有酱料和油花，但吃起来却一点儿也不腻。

制作方法

1 香葱洗净，切成葱花；大葱洗净、切段；姜洗净、切片；大蒜拍扁、去皮，备用。

2 锅中加入2大勺油，放入葱、姜、蒜爆香，中火炒至变色、微焦。

3 放入除油之外的调料和八角，小火炒出香味。

4 加入清水，煮至滚沸，做成卤汁，备用。

5 五花肉剔除筋膜、洗净，切成大片状。

6 放入滚水焯烫，去除血水和腥味后，滗干水分。

7 锅中加4碗油，大火烧至八成热，放入五花肉片略炸，以逼出油分。

8 将炸好的肉放入做好的卤汁中，大火煮沸后转小火，卤约1小时。

9 卤至肉片软烂后，盛出，淋上少许卤汁，撒上香葱花即可。

五香卤控肉

材料： 香葱2根、大葱1段、姜1块、大蒜5瓣、八角3粒、精品五花肉1块（约500g）、清水4碗

调料： 油4碗、酱油2碗、冰糖2大勺、米酒5大勺、五香粉1小勺、白胡椒粉1小勺

⏱ 50分钟　🍲 中级　🍜 3人

蒸·炖

猪肉最绵软

完美保留猪肉原始的鲜味，
蒸出鲜嫩爽口，炖出软烂入味，
开胃肉、腌笃鲜、酸菜白肉，让舌尖再次爱上猪肉！

砂锅酸菜白肉

开胃肉

粉蒸肉所采用的是
五花肉，五花肉脂肪丰富，
并含有蛋白质、碳水化合物、
钙等微量元素
和营养物质

粉蒸肉

🐷 蒸与炖的秘诀

❌ 蒸肉肉皮要朝下

蒸制肉方、扣肉等带肉皮的菜肴时，必须将肉皮朝下摆放，这样蒸才会使肉皮松软酥烂，不然会使肉皮中的水分蒸发，调味料不易渗入肉块。另外，肉皮向下也方便翻扣，保持菜肴的完整美观。

❌ 蒸肉调味宜轻淡

蒸菜最能保持原味，而且不容易将原料中的腥味去除，因此制作蒸菜的猪肉必须新鲜。蒸肉要求口感清爽不油腻，因此最好不要用味道太重的调味料，避免菜肴过咸，而遮掩了肉的鲜味。

❌ 炖肉搭配鲜食材

一般炖肉都要连汤食用，因此汤的味道也至关重要。炖肘子、五花肉时，搭配一些清鲜食材，不仅可以进一步提升猪肉的鲜美，还能为汤底增加鲜味。竹笋、海带等具有独特清香的食材都适合炖排骨、鲜肉。

豉汁蒸小排

材料： 猪肋排1块（约500g）、大蒜10瓣、姜1块、葱白1根、小红辣椒4根、豆豉2大勺

调料： 油2大勺、干淀粉1小勺、黄酒1大勺、生抽1大勺、糖1小勺、盐0.5小勺、蚝油1大勺

豉汁蒸小排怎么做才香软滑嫩？

选购排骨时，肥瘦相间的排骨最佳；豆豉中含有油分，油包裹在排骨表面能很好地保持排骨内部的水分，吃起来比较软嫩滑口、入口香绵。

⏱ 1小时30分钟　🍳 中级　🍚 2人

制作方法

加热至五成时，油面会冒出气泡

❶ 小红辣椒洗净、切成圈；豆豉洗净，切碎；大蒜去皮、切末；姜洗净、切丝；葱白洗净、切丝。

❷ 锅中加油，中火烧至五成热，下蒜末、姜丝，蒜末炒黄后，再下入豆豉，小火炒1分钟。

❸ 猪肋排洗净，剁成4cm长的小块，放入冷水中浸泡20分钟，捞出、滗干。

❹ 往排骨中加入干淀粉、黄酒、小红辣椒圈和炒好的葱姜，以及豆豉和生抽、糖、盐，腌制20分钟。

❺ 蒸锅中加水烧开，冒出蒸汽后，将腌好的排骨放入蒸锅，大火蒸40分钟后关火，焖2分钟。

❻ 盛出排骨，食用前撒上葱花即可，香软滑口的排骨就可以食用了。

粉蒸肉

材料： 五花肉1块（约300g）、蒸肉米粉0.5碗、紫薯1个、西兰花0.5朵、葱花1大勺、香菜碎1大勺

调料： 生抽1大勺、糖1大勺、老抽2小勺、蚝油1大勺、料酒1大勺

制作方法

① 五花肉洗净，在清水中泡去血水，捞出，滗干水分，切成0.5cm厚、8cm长的大片。

② 五花肉片中加入生抽、糖、老抽、蚝油、料酒，拌匀，腌制1小时。

③ 将五花肉片捞出，均匀沾裹蒸肉米粉；紫薯去皮、洗净，切滚刀块，全部摆入碗中。

④ 西兰花洗净，掰成小朵，放入沸水中，焯烫2分钟后，捞出，滗干水分，摆入盘中。

⑤ 蒸锅中加水，大火煮沸后，将碗放入笼屉，中火蒸制50分钟。

⑥ 将碗取出后，撒上葱花、香菜碎，即可食用。

粉蒸肉怎么做才会软糯适口？

粉蒸肉所用的蒸肉米粉的原料是用白米加香料炒制而成，易于吸收腌料和五花肉中的水分与油脂，绵软香甜的紫薯吸收了五花肉的油脂，使五花肉香而不腻，又融合了蒸肉、米粉的味道，这样蒸出的粉蒸肉鲜嫩多汁、软糯适口。

⏱ 1小时 🍲 中级 🍚 3人

开胃肉

材料： 精品五花肉1块（约500g）、葱5片、姜5片、野山椒20个、香葱末0.5大勺、小红辣椒末0.5大勺

调料： 生抽1大勺、盐0.5小勺、白糖1小勺、蒸鱼豉油1大勺、油1大勺

制作方法

肉先煮过，可去腥：去油腻

1
五花肉洗净，放入冷水，大火加热，煮10分钟后，捞出。

2
将五花肉肉皮朝下，向下切3~4cm，使其肉断皮不断，再放入热水锅中定型。

3
然后加生抽、盐、白糖，腌制入味。

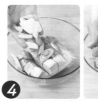

4
将大葱、姜放在肉块上，用手抓匀。

5
野山椒切碎，倒在肉块上，使野山椒汁渗入肉中。

6
在盛肉的碗上覆盖保鲜膜，准备蒸制。

蒸制中途需添加水

7
蒸锅中加水煮沸，待蒸汽冒出后，将肉放入蒸锅中，大火蒸制2小时，蒸至肉块软烂不腻。

8
蒸好后取出肉块，淋上蒸鱼豉油、香葱末、小红辣椒末。

9
最后，锅中添油，烧至七成热，淋在辛香料及肉块上即可。

五花肉益气、滋阴，尤其适合夏季食用，
它有极好的养护脾脏的作用，可以改善眩晕、
体质虚弱、气血不足等症状，常吃五花肉还能滋润皮肤。
但吃太多猪肉会助湿生痰，令人肥胖。

 2小时30分钟　 中级　🍜 3人

烩松肉

材料： 猪瘦肉1块（约300g）、红辣椒1根、油菜2棵、鸡蛋1个，葱、姜、蒜末各1大勺，香菜末1大勺

调料： 盐2.5小勺、白胡椒粉2小勺、五香粉1小勺、料酒1大勺、面粉2大勺、淀粉1.5大勺、油2碗、醋2小勺、生抽1小勺、高汤1碗、老抽1小勺

制作方法

复炸可使肉条口感更加酥脆

① 猪瘦肉洗净、剔除筋膜，切成4cm长的条状；加入1小勺盐、1小勺白胡椒粉、五香粉和料酒，腌制15分钟。

② 在面粉和1大勺淀粉中加入清水，调制成糊状；放入猪瘦肉条，挂糊上浆。

③ 炒锅中加油，大火烧至七成热时，放入猪瘦肉条，小火炸至色泽金黄，捞出。

④ 红辣椒去蒂、洗净，切成丝；油菜泡软、洗净，放入沸水中焯熟，捞出，沥干水分，备用。

⑤ 将鸡蛋打散成蛋液，加入0.5小勺盐和1小勺淀粉，搅拌均匀。

⑥ 煎锅烧热，倒入蛋液，使蛋液均匀铺于锅底，小火烙成鸡蛋皮后，从锅中揭起，切成蛋丝，备用。

⑦ 炒锅中留2大勺底油，放入辣椒丝和葱、姜、蒜末，中火炒香，倒入醋、生抽和高汤。

⑧ 再加入老抽调色，撒入1小勺盐和1小勺白胡椒粉，倒入油菜，大火煮沸。

⑨ 锅中倒入水淀粉勾芡，放入松肉，煮制15秒，盛出，撒入香菜末和蛋皮丝，即可。

烩松肉非常适合秋冬季节食用，一碗热乎乎的汤喝下肚，配上鲜香的里脊肉，为身体提供了足够的能量。

🕐 15分钟　🍲 中级　🥢 2人

蒸·炖

猪肉末酿豆腐如何做才能鲜香入味、外形美观？

制作豆腐酿肉最好选用口感比较老韧的北豆腐，在挖制凹槽和煎制的过程中不易破碎，并应轻拿轻放，尤其是翻面煎制的时候，可以用锅铲托住底部，并压住表面再慢慢翻转过来，防止肉馅掉出。

制作方法

1 北豆腐洗净，切成4cm宽、2cm厚的块状，用勺子在豆腐块上挖出深至2/3处的凹槽，备用。

2 鲜香菇洗净、去蒂，剁成碎末；红、绿甜椒洗净，切成碎丁；葱、姜、蒜均洗净、切成末；鸡蛋打散成蛋液。

3 猪肉馅中放入干淀粉、香菇末和一半的葱姜末，倒入蛋液。

4 再加入料酒和1小勺盐、白胡椒粉，朝同一方向搅拌均匀，搅打上劲。

5 将调好的肉馅装入豆腐挖好的凹槽内，在上面均匀淋上一层水淀粉。

6 煎锅中放油，大火烧至七成热，放入豆腐，转成小火，煎至两面金黄，捞出，滗油。

7 将酱油、1小勺盐、1大勺料酒、2大勺清水混合，调和成调味汁。

8 锅中留1大勺底油，放入蒜末和剩余的葱姜末，煸香，倒入调味汁，中火煮沸。

9 放入豆腐，在豆腐上撒上红绿甜椒丁，煎煮至调味汁收干后，均匀淋入水淀粉和番茄酱调和的酱汁，撒上香葱花，即可出锅。

81

猪肉末酿豆腐

材料： 北豆腐1块、鲜香菇4朵、红甜椒0.5个、绿甜椒0.5个、葱1段、姜1块、蒜3瓣、鸡蛋1个、猪肉馅1碗、香葱花1大勺

调料： 干淀粉1大勺、料酒1.5大勺、盐2小勺、白胡椒粉1小勺、水淀粉2大勺、油3大勺、酱油1小勺、清水2大勺、番茄酱1大勺

⏱ 30分钟　🍲 中级　🍚 2人

砂锅酸菜白肉怎么做才酸香油润？

若想砂锅酸菜白肉的底汤油润香浓，要充分煸炒五花肉，使肥肉中的猪油受热融化，用此油炒出的酸菜，不仅含有酸菜的酸香味，还会带有独特的油香，而且这样煮出的底汤香醇不腻，十分好吃。

制作方法

❶ 葱、姜均洗净、切片；土豆、红薯均去皮、洗净、切片。

❷ 香菜、油菜均去根、洗净；白菜洗净、切片；酸菜切成细丝，冲洗干净；粉丝用水泡软。

❸ 将五花肉放入冷水锅中，大火煮沸，再转小火慢煮，煮至八成熟，用筷子可扎透时，捞出，晾凉。

❹ 将煮好的五花肉切薄片，越薄越好。

❺ 炒锅中加油，中火烧至四成热，加入葱姜片，炒出香味。

❻ 加入五花肉，翻炒片刻后，放入酸菜等食材，与肉片一起翻炒均匀。

❼ 倒入6碗鸡汤，没过酸菜等食材和肉片。

❽ 大火煮沸后，加入盐、糖、料酒、韭花酱、胡椒粉调味，倒入砂锅中。

❾ 再次煮沸后，撇除浮沫，撒入香菜，即可食用。

砂锅酸菜白肉

材料： 大葱1段、 姜1块、 土豆0.5个、 红薯0.5个、 香菜3根、 油菜2棵、 白菜1/3个、 酸菜1
盘、 五花肉1块（约500g）、 鸡汤6碗

调料： 油2大勺、 盐1小勺、 糖1小勺、 料酒1大勺、 胡椒粉2小勺、 韭花酱1大勺、 盐1小勺

⏱ 30分钟　🍲 中级　🥣 3人

上海腌笃鲜

材料： 冬笋5根、细笋5根、大葱1根、姜1块、蒜5瓣、五花肉1块（约250g）、咸肉0.5 块、高汤6碗

调料： 油2大勺、盐2小勺、糖1小勺、料酒1大勺

制作方法

❶ 冬笋、细笋均洗净，纵向剖开，切成细条，二者都放入滚水中焯烫，去除酸涩味。

❷ 大葱去皮、切段；姜洗净、切片；蒜去皮、对半切开，备用。

❸ 五花肉洗净，切成1cm厚的片状；咸肉切片，备用。

❹ 锅中加2大勺油烧热，中火爆香葱段、姜片、蒜瓣。

❺ 接着倒入高汤，搅拌均匀。

❻ 然后放入咸肉、五花肉，用大火煮沸。

❼ 一边熬煮，一边撇去汤中飘起的带有腥味的浮沫。

❽ 汤汁发白后，加入冬笋、细笋，转小火，炖煮1小时。

❾ 再加盐、糖、料酒调味，并搅拌均匀，再次煮开，即可食用。

冬笋富含蛋白质、维生素、微量元素。冬笋中丰富的植物纤维，能促进肠道蠕动，有助于通便、降脂、减肥。植物纤维中的果胶可降低葡萄糖的吸收速度，避免餐后血糖上升，多摄入植物纤维，对糖尿病患者大有好处。

🕐 1小时20分钟　🍲 中级　🍚 3人

五花肉炖豆角玉米怎么做才酥烂入味?

预先将豆角和玉米焯烫至熟,可使其更容易入味,口感更软烂好吃;五花肉要放入冷水中慢慢加热,这样可以更彻底地去除肉腥味;炒糖色时要用小火,避免炒糊发苦;小火慢炖可使肉块酥烂,蔬菜入味。

制作方法

1 胡萝卜、土豆均去皮,洗净,切滚刀块;葱白、姜均洗净,切片,备用。

2 豆角洗净,切成10cm长的段;玉米洗净,切成5cm宽的块。

3 将豆角段和玉米段放入滚水焯烫至熟,捞出、滗干。

4 五花肉洗净、切块,放入冷水中,大火加热至水沸,去除血沫后,捞出、滗干。

5 炒锅中倒油,放入糖,小火炒至糖变成棕红色。

6 然后放入五花肉翻炒,使五花肉块上色。

7 加入酱油、花椒、大料、葱片、姜片、开水,用大火煮沸后,转小火炖40分钟。

8 然后加入玉米段、豆角段、胡萝卜块、土豆块,继续炖10分钟。

9 最后,炖至汤剩余1/3时,加盐调味,即可出锅。

五花肉炖豆角玉米

材料： 胡萝卜1根、土豆1个、葱白1段、姜1块、豆角1把、玉米2根、五花肉1块（约200g）、
花椒1小勺、大料2颗、开水2碗

调料： 油4大勺、糖1大勺、酱油3大勺、盐1小勺

🕐 1小时　🍲 中级　🍚 4人

黄豆炖猪蹄

材料： 葱白1段、姜1块、黄豆0.5碗、干红枣5颗、枸杞1大勺、莲藕0.5根、猪蹄1只、清水7碗、香菜末0.5碗

调料： 料酒1大勺、盐2小勺

制作方法

① 葱白洗净，切成葱段；姜洗净，切成姜片。

② 黄豆、干红枣、枸杞分别浸泡10分钟，备用。

③ 莲藕洗净，去除黏液，切成小块。

④ 烧去猪蹄的毛，剁块，焯水，洗净，滗干。

⑤ 将猪蹄块、黄豆、干红枣、葱段、姜片放入锅内，倒入7碗水。

⑥ 倒入料酒，用大火煮开后，转成小火炖1个半小时。

⑦ 接着，放入莲藕块，加盖，小火继续煮20分钟。

⑧ 撒入盐，搅匀，用中火煮10分钟；然后，撒上枸杞、香菜末，即可食用。

猪蹄中含有大量胶原蛋白，能增强皮肤弹性，
延缓衰老和促进儿童生长发育，
常被称作"美容蹄"；
黄豆中的不饱和脂肪酸和大豆卵磷脂能保持血管弹性，
并健脑益智，还能保护肝脏，使精力充沛。

⏱ 2小时20分钟　🍲 中级　🥢 3人

90

肉末香葱饭

材料： 大米1碗（约250g）、干香菇5朵、姜1块、蒜5瓣、葱白1段、香葱1根、油条1根、猪肉末1碗（约250g）、开水1碗、肉松1大勺

调料： 油2大勺、盐1小勺、糖2小勺、料酒1大勺、老抽1小勺、生抽2小勺

制作方法

① 大米淘洗干净，在清水中浸泡20分钟，备用。

② 干香菇用温水泡发，去蒂，洗净，切成丁。

③ 姜切末；大蒜去皮，切片；葱白洗净，切片；香葱去根，剥皮，切末；油条切丁。

④ 干锅中火烧热，放入油条丁小火煸脆，盛出，备用。

⑤ 锅中加2大勺油，下葱片、姜末、蒜片小火炒香，再加香菇丁和肉末一起炒匀。

⑥ 放入盐、糖、料酒、老抽、生抽，转中火煸炒至香味溢出。

⑦ 接着加入1碗开水，大火煮沸，撇去浮沫。

⑧ 将肉末汤倒入大米中，放入蒸锅中，大火蒸约40分钟后，关火，焖2分钟。

⑨ 最后，在熟米饭上撒上油条丁、肉松和葱花，即可享用。

猪里脊补肾养血、滋阴润燥，有补虚、滋润的功效；
香菇含有多种维生素、矿物质，能促进新陈代谢，
提高人体适应力；
营养丰富的香菇与滋阴润燥的猪肉搭配做菜，
美味与健康同在。

🕐 1小时　🍲 高级　🥣 3人

南瓜腊肠饭怎么做才香甜不腻？

做南瓜饭的腊肠要事先炒香，使油脂、香味释出，煸炒至腊肠边缘微微发焦，这样吃起来才爽口、不腻；焖饭时，要注意时间，不要将南瓜和饭焖得太软烂，否则吃不出南瓜香甜的口感。

制作方法

① 南瓜洗净，去皮，切小片；大蒜去皮，剁碎，制成蒜蓉；腊肠切成小片。

② 青豆洗净，焯水，捞出，沥干，备用。

③ 炒锅中加入0.5大勺油，小火炒香腊肠后，捞出，备用。

④ 炒锅内再加1.5大勺油，下蒜蓉，用小火炒至香味飘出。

⑤ 接着放入南瓜翻炒2分钟，加入1碗开水，将南瓜焖煮至熟。

⑥ 再放入腊肠片、白米饭一起煮，并且搅拌均匀。

⑦ 接着倒入青豆，并加入盐、白胡椒粉调味，拌匀。

⑧ 最后，淋上香油，拌匀，即可食用。

南瓜腊肠饭

材料： 南瓜1小块（约100g）、蒜5瓣、腊肠0.5根、青豆1大勺、开水1碗、白米饭1碗

调味： 油2大勺、盐1小勺、白胡椒粉0.5小勺、香油1小勺

30分钟　初级　2人

豆豉排骨煲仔饭怎么做才米香、锅巴脆？

煲饭时，需小火慢煮，待煲仔中发出米粒裂开的声音时，表示米中水分已被煮干，此时放排骨的时机最佳；关火后，必须加盖焖制，否则米饭口感夹生；若想吃锅巴，沿锅边淋入油，这样焖出的锅巴才香脆。

制作方法

1 将猪排放入冷水，加料酒后，大火烧至水沸腾取出，冲洗干净。

2 姜洗净，切片；大蒜去皮，切片；葱洗净，切斜段，备用。

3 锅中加2大勺油，放入桂皮、八角、葱段、姜片、蒜片炒香。

4 然后倒入排骨，中火煸炒至外层微黄。

5 放入豆豉，与排骨翻炒均匀。

6 接着加1大勺老抽，然后倒入2碗开水，大火煮沸后，再转中小火，加锅盖炖40分钟后，加盐、糖和香油调味。

7 大米洗净，放入砂锅中，加入没过米饭1cm的清水。

8 砂锅上火，中大火煮开，转小火煮5分钟，锅内水基本收干时，放入煸好的排骨。

9 接着用小火继续加热5分钟，淋入排骨汁，焖熟后关火，再焖5分钟，撒上蒜末即可。

豆豉排骨煲仔饭

材料： 猪肋排1块（约500g）、姜1块、大蒜3瓣、葱1段、桂皮2块、八角1个、豆豉3大勺、大米1碗（约250g）、蒜末1大勺

调料： 料酒2小勺、油2大勺、老抽1大勺、开水2碗、盐1小勺、糖1小勺、香油1小勺

小炖肉刀削面

材料： 高筋面粉250g、清水0.5碗、葱1根、姜1小块、大蒜5瓣、猪肉1块（约150g）、长豆角4根、鲜香菇3朵、油菜2棵

调味料： 盐1小勺、油3大勺

面卤： 辣椒酱、豆瓣酱各1大勺，糖1小勺、清水1.5碗

制作方法

1 将面粉、0.5碗清水、盐放入盆中，搅匀和成面团，饧1小时，削成面条。

2 锅中加水煮沸，下入刀削面，煮熟捞出，拌入1大勺油。

3 葱、姜洗净，切片；大蒜去皮，切末；猪肉洗净，切丁。

4 长豆角去掉头尾，洗净，切成小粒；鲜香菇洗净，切成小丁，备用。

5 油菜掰开，洗净，焯水，捞出，滗干，备用。

6 锅内倒2大勺油，中火烧热，放入肉丁炒至变色，再下入葱姜蒜，炒出香味。

7 然后加入所有面卤调料，煸炒均匀。

8 再放入豆角、香菇，煮至汤汁收浓，即成"刀削面肉酱"。

9 将肉酱浇到煮好的刀削面上，摆上焯过的油菜，即可食用。

猪肉含有丰富的优质蛋白和人体必需的脂肪酸，
并提供血红素和促进铁吸收的半胱氨酸，
能改善缺铁性贫血；常吃猪肉具有补肾养血，
滋阴润燥的作用，对于维持身体正常机能有很好的效果。

⏱ 15分钟　🍲 高级　🍜 2人

辣香肠旺面

材料： 猪大肠1小段，生猪血1小块，大葱、香菜、芹菜各1根，生姜1块、花椒1小勺、鸡蛋面1份（约150g）

调味料： 盐3小勺、清水3碗、胡椒粉2小勺，糖、辣椒油各1小勺

洗料： 盐、醋各1小勺

制作方法

1 猪大肠用清水洗3次，放入碗内，加入洗料，反复揉搓。

2 翻开肠头，将大肠翻面，去除表面的黏液，再次冲洗干净，洗至大肠无黏液、异味。

3 锅内加半锅水煮沸，放入猪大肠焯水，捞出，滗干，备用。

4 将焯过水的大肠冲洗干净，然后切成猪肠圈。

5 猪血切成厚片，放入滚水中焯烫，加1小勺盐，焖2分钟，捞出，备用。

6 大葱剥皮，洗净，切段；香菜去根，洗净，切末；芹菜洗净，切段；生姜洗净，切片。

7 锅中加入3大碗清水煮沸，放入花椒、葱、姜、猪大肠，大火煮10分钟。

8 放入盐、胡椒粉、糖，撒入芹菜段，转小火，炖20分钟，即成"肥肠卤"。

9 鸡蛋面煮熟，盛入碗中。将猪血片摆放在面条上，浇上肥肠卤，撒上香菜末，淋上辣椒油，即可食用。

猪血中含铁量较高，而且以血红素铁的形式存在，容易被人体吸收利用，从而增强人体造血功能，起到补血的作用。儿童和孕妇多吃猪血，可以防治缺铁性贫血，改善气血不足等症状。

🕐 45分钟　🍲 中级　🍜 1人

肉丝雪菜烩面如何做才能酸香爽口？

好吃的肉丝雪菜烩面的标准是：汤鲜、面紧、雪菜清，肉带雪菜味而有油香，且入口微辣。腌渍雪菜质脆味鲜，略带酸味，为不影响食用口感，雪菜必须浸泡，洗去过多的咸味，才能酸咸适口、清爽鲜美。

制作方法

浸泡雪菜可去除多余的咸味

1 葱、姜、蒜均洗净，切末；雪菜洗净，浸泡10分钟，滗干，切碎。

2 猪瘦肉洗净，顺着肉纹切成0.5cm宽的肉丝，备用。

3 将肉丝用生抽、淀粉、鸡蛋清抓匀，腌制30分钟。

4 炒锅中加入2大勺油，倒入肉丝，中火煸炒至变色，盛出，备用。

5 锅内加1大勺油，中火烧热，炒香葱、姜、蒜末，放入雪菜末，煸炒半分钟。

6 接着，加肉丝煸炒，炒至雪菜油亮，倒入3碗开水，转小火煨煮。

7 同时另起煮锅，倒入清水，大火煮沸，下入面条。

8 将煮软的面条捞起，放入炒锅，与雪菜和肉丝同煮。

9 煮沸后，转中小火，烩2分钟，加盐、糖、胡椒粉调味，即可食用。

肉丝雪菜烩面

材料： 大葱1段、生姜1块、大蒜5瓣、雪菜1碗（约100g）、猪瘦肉1块（约100g）、细挂面1把（约100g）

腌料： 生抽1小勺、淀粉1大勺、鸡蛋清1个

调料： 油3大勺、开水3碗、盐1小勺、糖1小勺、胡椒粉1小勺

⏱ 15分钟　🍲 初级　🍜 2人

福州猪脚面线

材料： 猪脚1只、菜心2棵、葱、姜各5片，熟鸡蛋2颗，面线1把（约150g）、香葱花1大勺

辛香料： 香叶1片、桂皮1块、八角2颗、花椒0.5小勺、干辣椒段2小勺

调料： 油2大勺、白糖1大勺、料酒2大勺、冰糖2大勺、生抽3大勺、老抽0.5大勺、白胡椒粉2小勺、盐2小勺、清水6碗

制作方法

1 猪脚剁块，洗净，焯烫；菜心洗净，焯烫，备用。

2 炒锅中加油，放入葱、姜和辛香料，小火煸炒。

3 炒香后，加水大火煮沸，倒入白糖、料酒、冰糖、生抽、老抽。

4 放入猪脚、鸡蛋，转小火煮2小时，再加白胡椒粉、盐调味，煮2分钟后关火。

5 煮锅中加水，大火煮沸，放入细面线，煮熟后，盛出。

6 最后，铺上猪脚、熟鸡蛋和菜心，撒上香葱花，浇上汤汁，即可食用。

福州猪脚面线怎么做才汤浓味美？

将猪脚切成小块，可使其更易入味，并可使异味和血水在炖煮时充分释出；也可以加入山楂，可使猪脚软烂，味道鲜美。炖猪脚时，火候一定要够，且需小火慢炖，猪脚才会酥烂脱骨、入口滑嫩、卤汤香浓。

2小时20分钟　中级　2人

煎·炸·烤

猪肉最酥香

松软的、焦香的各种猪肉煎炸料理，
煎炸烤演绎猪肉最佳口感，
蜜汁叉烧、蒜香排骨、香烤猪蹄，
不一样的口味，同样的美味享受！

香烤猪蹄

煎炸烤的秘诀

🍴 煎肉先要用大火

煎制生肉片，将肉片放入油中时，要用大火，使肉片表面迅速结皮，封住肉汁，保持肉的鲜嫩，吃起来口感更佳。大火将肉的两面都煎至变色后，再改成小火将肉的内部煎熟即可。

🍴 烤肉焯水不干硬

烤肉时，因为烤箱内部的温度高，肉块很快就会流失水分，而变得干硬，最好事先用开水焯烫肉块使其吸水；或者往烤箱内壁喷水，也可在烤箱中放入一杯水，以增加烤箱内的湿度，避免烤出的肉块干硬。

🍴 二次炸肉更酥脆

制作糖醋排骨、软炸里脊等菜肴时，要预先将排骨、肉条炸熟，如果想要口感更加酥脆，可以进行复炸：在油烧至六成热时，将肉下入油锅，炸至金黄后盛出，待油温升高至八成热时，将炸过的肉再入锅炸一次即可。

日式猪扒饭

材料： 洋葱0.5个、香葱1根、鸡蛋1个、猪里脊肉1块、干淀粉3大勺、面包碎1碗、白米饭1碗、海苔丝1大勺

调料： 油4大碗、生抽1大勺、料酒1大勺、蚝油1大勺、开水半碗、水淀粉0.5碗

腌料： 黑胡椒碎1小勺、盐1小勺

日式猪扒饭怎么做才汁鲜味美？

炸前先将猪扒拍松，可使纤维松散，容易炸透；另外，制作洋葱汁时，洋葱要炒出香味，待洋葱炒至微黄后，再放调料调味。

🕐1小时　　中级　　1人

制作方法

1 洋葱去皮，洗净，切成丝；香葱去根，洗净，切成葱花；鸡蛋打散成蛋液，备用。

2 猪里脊切成大约1.5cm厚的片，加入腌料，用手抓匀，腌20分钟。

3 将肉片沾裹上淀粉，放入蛋液，裹匀蛋液后放入面包碎中，充分沾裹。

4 炒锅中倒油，大火烧至四成热后，放入猪扒，中火炸至金黄后捞出，转大火烧热，放入猪扒复炸。

5 锅中留约2大勺油，放入洋葱丝略炒，加生抽、料酒、蚝油、开水，炒至洋葱变软，倒入水淀粉，勾芡。

6 将洋葱淋在米饭上，排上切开的猪扒，撒上葱花和海苔丝，即可食用。

糖醋排骨

材料： 肋排1块（约500g）、大葱1段、姜1块、香葱1根、白芝麻1小勺

调味： 清水3碗、盐2.5小勺、淀粉1大勺、油4碗、番茄酱2大勺、白醋4大勺、白糖4大勺、老抽0.5小勺、开水0.5碗、水淀粉1大勺

制作方法

1 肋排洗净，用刀背将肋骨敲酥，再剁成块，备用。

2 大葱洗净、切片；姜洗净、切片；香葱洗净，切成葱花，备用。

3 然后将肋排块、葱姜片放入锅中，加清水和2小勺盐，大火煮20分钟后，捞出、滗干。

4 将煮好的排骨加1大勺淀粉，沾裹均匀，准备炸制。

5 锅中加4碗油，下入排骨，翻动排骨，炸成金黄色，捞出。

6 另起锅，锅内加番茄酱、白醋、白糖、老抽和0.5小勺盐、0.5碗开水，搅拌均匀。

7 然后淋入1大勺水淀粉勾芡，使汤汁变浓。

8 汤汁浓稠后，再放入炸好的排骨，翻炒片刻，使其均匀沾裹酱汁。

9 最后，关火，撒上香葱花、白芝麻，即可享用。

> 排骨含有丰富的卵磷脂、骨黏蛋白和胶原蛋白，其中胶原蛋白可疏通微循环，从而改善老化症状，起到抗衰老作用；老年人常食排骨可预防骨质疏松，特别是在秋冬季节，多食用排骨，有良好的滋补功效。

🕐 30分钟　　🍲 高级　　🍜 2人

蜜汁叉烧

材料： 猪里脊肉1块（约250g）、蒜末1大勺、油菜2棵

调料： 叉烧酱2大勺、料酒1大勺、糖1大勺、老抽1小勺、蜂蜜1大勺

制作方法

1 猪里脊肉洗净，用刀背拍松，切成大块；加入叉烧酱、料酒、糖、老抽、蒜末，抓匀，腌12小时。

摆放时肉条留有间隙，便于受热均匀

2 烤盘上铺入锡箔纸，将蜂蜜均匀涂抹在猪里脊肉条上，静置15分钟，晾干。

3 油菜掰开、洗净，放入沸水中，焯烫1分钟后，捞出，沥水，摆入盘中，备用。

4 将烤箱温度设定为200℃，预热3分钟；放入烤盘，烤20分钟后，取出。

5 将酱汁和蜂蜜涂抹在肉条表面，翻面后，再次放入烤箱，继续烤20分钟后，取出。

待叉烧肉冷却后再切，切会整齐漂亮

6 叉烧肉自然冷却后，切成0.5cm厚的叉烧肉片，摆入铺有油菜的盘中，即可食用。

蜜汁叉烧怎么做才会鲜嫩多汁？

可根据个人喜好，选择五花肉或里脊肉制作叉烧；猪里脊肉肉质细嫩，不油腻，做出的叉烧肉口感较好；在腌制猪里脊肉之前，先用刀背将肉块拍松，再切成条状，这样可以使涂抹在猪里脊肉条表面的酱料更加入味。

1小时　　中级　　2人

红酒香蒜烤猪排

材料： 猪肉排1块（约500g）、葱1段、蒜3瓣、土豆0.5个、西兰花1/4棵

调料： 油2大勺、盐1小勺、红酒3大勺、黑胡椒碎2小勺

制作方法

1 将猪排洗净，浸泡30分钟，泡出血水，用牙签在猪排上扎孔，切成10cm的长段。

2 葱洗净，切丝；蒜拍扁，去皮，切末；土豆去皮，洗净，切成粗条；西兰花掰成小朵，洗净，备用。

3 锅中加水，大火煮沸后，放入西兰花，焯烫1分钟，捞出控干，摆入盘中，备用。

4 炒锅中加油，中火烧热，放入蒜末、葱丝，爆香，加入盐、红酒，煮成红酒酱汁。

5 在猪排上均匀淋入红酒酱汁，腌制2小时后，放入土豆条、西兰花，再腌制30分钟。

6 烤盘铺上锡箔纸，放入腌好的猪排、土豆条、西兰花，均匀刷上酱汁。

7 将烤箱温度设定为200℃，打开上下火力，预热5分钟，放入烤盘，转160℃烤30分钟，取出。

8 将剩余的红酒酱汁涂抹在猪排、土豆条、西兰花上，再次放入烤箱，用160℃的火力烤20分钟。

9 取出烤盘，将猪排、土豆条、西兰花摆入盘中，撒入黑胡椒碎，即可食用。

猪排味道鲜美，且不会太过油腻，除了含有蛋白质、脂肪、维生素外，还含有大量磷酸钙、骨胶原蛋白、骨黏蛋白等。常吃排骨可为幼儿和老人提供钙质，能促进骨骼发育，预防骨质疏松等症状。

🕐 1小时10分钟　　🍲 中级　　🍜 2人

黄金蒜香排骨

材料： 香葱1根、姜1块、大蒜2头、猪肋排1块（约500g）

调料： 生抽2大勺、料酒2大勺、白糖2小勺、白胡椒粉0.5小勺、油1碗、淀粉1小勺

制作方法

❶ 香葱洗净，切段；姜去皮，切丝；大蒜去皮，切成碎粒，备用。

❷ 猪肋排洗净，滗干，切成8cm长的段。

❸ 往猪肋排中加入生抽、料酒、白糖、白胡椒粉、葱段、姜丝抓匀，腌30分钟。

❹ 炒锅中倒入1碗油，中火加热至四成热时，放入蒜碎，转小火炸至金黄色，捞出，滗油。

❺ 锅中油留用，转中火加热，将腌好的排骨沾上一层干淀粉，放入油中，炸至金黄，捞出，滗油。

❻ 炒锅中留少许油，把黄金蒜碎与炸过的排骨放回锅中，用中火翻炒均匀，即可盛出。

黄金蒜香排骨怎么做才会香嫩味美？

大火容易使蒜碎炸成焦煳，所以在炸蒜碎时要使用小火，这样蒜香更加浓郁；炸排骨时，要先沾上一层干淀粉，小火慢慢炸熟，最后再转大火高温炸制，这样可以使炸出的排骨外皮金黄焦酥，里层鲜嫩美味。

30分钟　中级　2人

煎·炸·烤

香烤猪蹄

材料： 猪蹄2只、姜5片、葱0.5根、八角1个、花椒2小勺、桂皮1块、干辣椒3根、香叶2片、香菜2棵、香葱1根

调料： 料酒2大勺、五香粉1小勺、红糖2小勺、酱油1大勺、盐2小勺、蚝油1小勺、油1大勺、蜂蜜0.5碗

制作方法

❶ 猪蹄去除杂毛，剁成块状，洗净后放入冷水锅中。

❷ 加入姜片、葱段和料酒，大火煮沸后，撇净浮沫。

❸ 然后加入适量八角、花椒、桂皮、干辣椒、香叶、五香粉等材料，再次煮沸。

❹ 继续加入红糖和酱油，转小火炖1小时，加入盐和蚝油。

❺ 将猪蹄放在汤汁中浸泡至温热，烤前取出。

❻ 烤架上刷少许油，在猪蹄表面刷一层蜂蜜，放入烤箱烤30分钟，烤至猪蹄表皮红亮、冒油即可。

香烤猪蹄怎么做才香醇软嫩？

猪蹄先放入冷水锅中焯烫，再小火慢炖，才能使各种香料的味道充分进入猪蹄中；加入红糖、酱油继续炖煮，可以增鲜提味，这样炖煮出的猪蹄色泽红亮入味。最后放入烤箱中烤制时，中间翻动几次，可使猪蹄烤得均匀。

🕐 1小时30分钟　🍲 中级　🍚 2人

蜜汁猪肉脯

材料： 猪肉馅1碗（约250g）、白芝麻1大勺、蜂蜜1大勺

调料： 糖1大勺、老抽1小勺、白胡椒粉1小勺、盐半小勺、料酒1大勺

制作方法

1 猪肉馅剁至更细腻，加入糖、老抽、白胡椒粉、盐、料酒，搅拌均匀。

2 分次加入清水，同方向搅打上劲，加入白芝麻，搅拌均匀。蜂蜜加1大勺水调匀成蜂蜜水。

3 锡箔纸上刷油，平铺猪肉馅，覆上保险膜，擀压成0.1cm厚的薄片，揭去保鲜膜，表面刷蜂蜜水。

 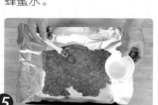 

4 烤箱200℃预热，放入平铺的猪肉馅，烤6分钟。取出，将其翻面，揭去锡箔纸。

5 放于烤盘底所铺另一张锡箔纸上，同样刷上蜂蜜水，入烤箱烤6分钟。

6 待将两面均烤成金黄色的肉干，即可出烤箱。冷却后，剪切成块，即可食用。

蜜汁猪肉脯怎么做才鲜软适口？

做猪肉脯的肉馅最好瘦多肥少，用刀细细剁成肉泥，还可以用手不断摔打肉馅，使肉质变得细嫩，再朝同一个方向搅打上劲，使肉馅有筋性，调味后再均匀铺入烤盘，这样烤出的肉脯会更加紧实，口感更佳。

芝麻炸里脊怎么做才会香酥可口？

猪里脊肉切成厚片后要用刀背拍松，使肉纤维松散，炸出的肉口感才松软；油锅热后，最好逐条下入里脊，以避免里脊条相互黏粘；里脊条下锅后不要搅动，让其稍微定型后再翻动炸熟。

制作方法

1 豇豆去除头尾，洗净，切成4cm长的段。

2 洋葱去皮，洗净，切成细丝，备用。

3 鸡蛋打入碗中，加入黑白芝麻和所有调料拌匀，做成酱汁。

4 猪里脊肉洗净，先切成厚片，用刀背拍松，再逆纹切成2cm宽的条。

5 将肉放入大碗中，加入酱油、米酒、水、糖、洋葱丝腌制30分钟。

6 腌好后滗干，把每条里脊肉都均匀沾裹酱汁。

7 锅中倒油烧热，烧至五六成热时，逐个放入里脊条，炸至金黄后，捞出沥油。

8 然后放入豇豆段略炸，与里脊条放在一起。

9 最后，撒上椒盐和辣椒粉，拌匀即可。

芝麻炸里脊

材料： 豇豆1根、鸡蛋1个、黑白芝麻1大勺、猪里脊1块（约300g）

腌料： 洋葱0.5个、酱油1大勺、米酒2大勺、水2大勺、糖2大勺

调料： 辣椒粉0.5小勺、椒盐0.5小勺、盐1/3小勺、油1大勺、面粉6大勺、水0.5碗

🕐 20分钟　🍲 中级　🥢 2人

椒香咸猪肉

材料： 生菜2片、红辣椒1根、大蒜5瓣、带皮五花肉1块

调料： 米酒1大勺、糖1大勺、黑胡椒粒0.5大勺、盐0.5大勺，五香粉、花椒粉、白胡椒粉各1小勺

制作方法

1 生菜洗净，铺入盘中；红辣椒洗净，去蒂，切成斜片。

2 大蒜去皮，拍扁，切碎，放入碗中。

3 然后将蒜碎与所有调料混合，拌成酱汁，备用。

4 带皮五花肉洗净，抹上拌匀的酱汁，冷藏腌制一夜，使其入味。

5 肉腌好后，放在烤盘中放入烤箱，上下火各200℃，烤20分钟后，取出放凉。

6 将烤好的肉切片，放入铺好生菜的盘中，搭配红辣椒食用即可。

椒香咸猪肉怎么做才会香嫩入味？

腌制时，可以在五花肉表面划上几刀，让酱汁入味后，再进行烤制。烤五花肉时，一定要把整块肉放入烤箱，烤熟后再切成片，这样才能保持肉的鲜嫩，避免高温将肉中的汁水都烘干。

30分钟　　中级　　2人

图书在版编目(CIP)数据

我最爱吃的猪肉 / 赵立广著 . —— 南京 : 译林出版社, 2015.1
(贺师傅幸福厨房系列)
ISBN 978-7-5447-4337-2

Ⅰ . ①我… Ⅱ . ①赵… Ⅲ . ①猪肉－菜谱 Ⅳ .
① TS972.125

中国版本图书馆 CIP 数据核字 (2015) 第 017617 号

书　　名	**我最爱吃的猪肉**	
作　　者	赵立广	
责任编辑	王振华	
特约编辑	梁永雪	
出版发行	凤凰出版传媒股份有限公司	
	译林出版社	
出版社地址	南京市湖南路1号A楼,邮编:210009	
电子信箱	yilin@yilin.com	
出版社网址	http://www.yilin.com	
印　　刷	北京旭丰源印刷技术有限公司	
开　　本	710×1000毫米　　1/16	
印　　张	8	
字　　数	28.5千字	
版　　次	2015年3月第1版　　2015年3月第1次印刷	
书　　号	ISBN 978-7-5447-4337-2	
定　　价	25.00元	

译林版图书若有印装错误可向承印厂调换